动物探索

超有趣的动物百科

谁是公鸡，谁是母鸡

温会会 编　曾平 绘

浙江摄影出版社

2

公鸡拥有一身油亮的羽毛，走起路来雄赳赳、气昂昂。

瞧，它头上火红的鸡冠，多么耀眼！

3

"喔喔……"

清晨，农场里的公鸡抬着头，高声打鸣！响亮的叫声唤醒了沉睡的大地。

打完鸣，公鸡开始在地上搜寻食物。

蚯蚓、蚂蚱、大米、玉米、蔬菜，都是公鸡爱吃的。

看，除了吃食物，公鸡竟然还吃起了沙子和小石子儿！这是因为，鸡并没有牙齿，没有办法咀嚼食物。吃进去的沙子、小石子儿可以磨碎食物，帮助消化吸收。

"咯咯……"

不远处，传来了母鸡的叫声。

母鸡长得胖乎乎的，走起路来一摇一摆。

它的羽毛又多又密，黑溜溜的眼睛像珍珠，炯

炯有神！

母鸡来到沙土里，愉快地"洗澡"。它卧在沙坑里，先将沙子撒向全身，再用力抖动身体。

看，它身上的寄生虫和虱子附着在沙子上，就这样被甩了出去。

听到母鸡的叫声，公鸡激动地跑了过来。
它围在母鸡的身旁，卖力地挥动翅膀，展示
美丽的羽毛。

母鸡趴在地上，欣赏着公鸡的舞姿。

公鸡和母鸡相互喜欢，结成了夫妻，一起进入繁衍后代的阶段。

不久后，母鸡生下了一窝蛋。
母鸡待在鸡窝里，靠自身的体温来孵化鸡蛋。

大概二十天过后，小鸡们破壳而出，来到这个世界。

刚孵出来的小鸡眯着眼睛，黄色的羽毛湿漉漉的，张着嘴巴呼吸，看起来十分脆弱！

在母鸡妈妈的呵护下，小鸡们
茁壮成长。

这一天，母鸡妈妈带着小鸡们
在农场里散步。

22

"叽叽叽……"
小鸡们走起路来摇摇晃晃，真可爱！

突然，一只老鹰俯冲而下，小鸡们吓得四处逃窜。

危险来临，母鸡妈妈张开翅膀，发出了"咕咕"的警示。小鸡们赶紧跑过来，躲在妈妈的翅膀下面，逃过一劫。

后来，小鸡们都长大了。

它们有的变成了会"喔喔"叫的公鸡，有的变成了会"咯咯"叫的母鸡。

责任编辑　袁升宁
责任校对　王君美
责任印制　汪立峰

项目设计　北视国

图书在版编目（ＣＩＰ）数据

谁是公鸡，谁是母鸡 / 温会会编 ；曾平绘． -- 杭
州 ： 浙江摄影出版社，2023.2
（动物探索·超有趣的动物百科）
ISBN 978-7-5514-4342-5

Ⅰ．①谁… Ⅱ．①温… ②曾… Ⅲ．①鸡—儿童读物
Ⅳ．① Q959.7-49

中国国家版本馆 CIP 数据核字（2023）第 008056 号

SHUI SHI GONGJI, SHUI SHI MUJI

谁是公鸡，谁是母鸡
（动物探索·超有趣的动物百科）

温会会 / 编　曾平 / 绘

全国百佳图书出版单位
浙江摄影出版社出版发行
　　地址：杭州市体育场路 347 号
　　邮编：310006
　　电话：0571-85151082
　　网址：www.photo.zjcb.com
制版：北京北视国文化传媒有限公司
印刷：唐山富达印务有限公司
开本：889mm×1194mm　1/16
印张：2
2023 年 2 月第 1 版　　2023 年 2 月第 1 次印刷
ISBN 978-7-5514-4342-5
定价：42.80 元